SOCIÉTÉ D'AGRICULTURE

COMMERCE, SCIENCES ET ARTS

DU DÉPARTEMENT DE LA MARNE.

DISCOURS

SUR

L'ORNITHOLOGIE

Par M. le Dr DORIN, *président.*

CHALONS-SUR-MARNE

H. LAURENT, IMPRIMEUR DE LA SOCIÉTÉ ACADÉMIQUE

1863.

SOCIÉTÉ D'AGRICULTURE

COMMERCE, SCIENCES ET ARTS

DU DÉPARTEMENT DE LA MARNE.

M. le Préfet, président-né, occupe le fauteuil.

A ses côtés sont assis M. de Royer, 1er vice-président du Sénat, président du Conseil général de la Marne, et Mgr Bara, évêque de Châlons.

Un grand nombre de membres du Conseil général assistent à cette séance.

M. le Dr Dorin, président annuel, ouvre la séance par un discours sur les oiseaux insectivores dans le département de la Marne.

1862

M. GILLET, secrétaire, donne lecture du compte rendu des travaux de la Société.

M. Alfred CHARBONNIER, lit un apologue en vers, intitulé *les deux agneaux et l'héritage.*

M. le Secrétaire lit une notice biographique sur la vie et les travaux de M. Ch. PICOT.

DISCOURS

SUR

L'ORNITHOLOGIE

Par M. le Dr DORIN, *président.*

MESSIEURS,

Après m'avoir admis depuis un certain nombre d'années dans votre Société, vous avez mis le comble à votre bienveillance, en me décernant le fauteuil de la présidence. Beaucoup d'entre vous méritaient plus que moi cet honneur par leur connaissances spéciales en agriculture, dans les sciences ou dans les lettres. Aussi en acceptant ces honorables fonctions, j'avais compté sur votre concours, qui ne m'a pas fait défaut; et je saisis avec empressement l'occasion solennelle qui se présente aujourd'hui pour vous en témoigner mes remerciments et ma reconnaissance.

Pour obéir à un usage qui remonte à l'origine de notre

Société, et qui appelle votre président à l'honneur de vous
entretenir quelques instants, dans la séance publique par
laquelle elle termine chaque année ses travaux, permettez-
moi, Messieurs, de toucher un sujet, auquel mes goûts et
mes études m'ont fait consacrer tous mes loisirs, depuis
plus de quarante ans. Je me propose de vous parler d'une
partie de l'histoire naturelle de notre pays, de l'ornithologie, dans ses rapports avec l'agriculture.

Je serai très bref, Messieurs, et je vous ferai d'abord
quelques observations, qui viennent à l'appui des mesures
prises par l'administration, en vue de la conservation des
oiseaux insectivores.

Le rapport si remarquable de M. Bonjean a placé cette
question, en apparence secondaire, au rang de celles qui
doivent intéresser, au plus haut degré, toutes les sociétés
d'agriculture, et spécialement celle de la Marne, qui a
si souvent pris l'initiative d'essais, ayant pour but la
préservation des céréales et des produits de la vigne, ces
deux grandes sources de richesses pour notre pays.

L'importance de ce rapport ne pouvait manquer d'attirer
l'attention de M. le Préfet de la Marne, qui ne laisse
échapper aucune occasion de manifester sa sollicitude
pour les intérêts du département, et dont le zèle éclairé
seconde si puissamment dans nos contrées celui du chef
de l'Etat.

Non seulement il s'est empressé de prendre, dès le 15
janvier 1862, un arrêté contre la destruction des oiseaux
insectivores ; mais encore, dans une circulaire remarquable, du 25 du même mois, à MM. les Maires, il déve-
loppe avec une haute autorité les puissantes raisons
données par le savant rapporteur du Sénat, et invite ces
magistrats à s'aider du concours des instituteurs, afin
d'empêcher, autant que possible, la destruction des nids

et l'enlèvement des couvées par les enfants qui fréquentent les écoles.

Cette mesure, si elle était générale en France et à l'étranger, amènerait sans nul doute au bout de quelques années d'excellents résultats, car il est constant, avéré, que dans plusieurs îles de la Méditerranée, et notamment dans celles de la Grèce, en Sicile, en Italie, en Suisse, on fait aux petits oiseaux, soit avec le fusil, soit avec les filets, au printemps et à l'automne, lors des migrations, une guerre acharnée.

Au printemps, cette guerre, déclarée aux petits oiseaux au moment de l'arrivée, n'est interrompue que par le passage des cailles, qui offrant un lucre plus avantageux, appelle la convoitise des chasseurs de tous ces pays à les poursuivre préférablement. Ce temps d'arrêt est mis à profit par les insectivores pour se répandre dans les pays circonvoisins où ils évitent une destruction complète.

Chez nous aussi, dans les temps de neige, nos côtes maritimes sont fréquentées par des nuées d'alouettes, qui ne trouvant plus de nourriture que sur les plages de la mer, sont alors prises au filet ou au collet, en si grande quantité, que l'on a cité une ville où il en a été vendu jusqu'à 200,000 dans un seul hiver. Or, quelle que soit la reproduction de cet oiseau, il est impossible qu'une telle destruction ne fasse pas, l'année suivante, un vide dans certaines localités, pour peu qu'il s'en détruise encore dans d'autres contrées, comme dans l'ouest de la France, où il s'en fait alors aussi un commerce considérable.

Mais, dans plusieurs de nos départements méridionaux, la chasse aux petits oiseaux peut s'appeler une guerre d'extermination.

Le bulletin du mois dernier, de la Société protectrice

des animaux, contient un intéressant article sur la destruction des oiseaux dans le midi de la France, où, après avoir décrit tous les moyens employés dans les départements de Vaucluse, du Var, des Basses-Alpes et des Bouches-du-Rhône, l'auteur, M. Alphonse Clapier, ajoute :

« Quelqu'idée que vous puissiez vous faire de la passion,
» de la rage, de la furie des chasseurs marseillais, vous
» seriez encore bien loin de la réalité ; et si les paysans
» des autres départements étaient aussi adroits que ceux
» des environs de Marseille, il n'y aurait plus d'oiseaux. »

L'empressement qu'a mis M. le Préfet de la Marne à prescrire, dès le mois de janvier, des mesures pour la conservation des oiseaux insectivores, est d'autant plus digne d'éloges, que dans notre département nous avons certaines espèces, comme le Merle, la Grive chanteuse et la Draine, qui se mettent à couver, dès le mois de janvier, lorsque l'hiver est doux. Ce fait, dont j'ai été souvent témoin, m'a d'autant plus surpris qu'alors la terre est plus ou moins gelée, que les insectes manquent généralement partout, ainsi que les fruits pulpeux. Comment font ces oiseaux pour suppléer à ces aliments nécessaires à leurs petits dans le jeune âge ? Nos cultivateurs leurs viennent en aide, ils commencent alors à labourer et à disposer leurs terres, pour y semer de l'avoine un peu plus tard. Cette opération préliminaire met toujours à nu des multitudes de vers, de larves de hannetons, de chrysalides et autres insectes qui servent de pâture à ces premières couvées. Mais ces espèces, les seules qui nichent d'aussi bonne heure, présentent aux enfants une proie d'autant plus facile, qu'il n'y a point de feuilles sur les arbres pour les garantir. Dès ce moment, on voyait donc commencer la destruction des insectivores, qui accomplissent une œuvre si importante par rapport à l'homme. Pour nous en convaincre observons, sur ce point, les luttes qui entretiennent la vie dans la nature.

Les végétaux sont la base de l'alimentation du règne animal et de l'homme ; mais si toutes les graines arrivaient à maturité et se reproduisaient, le sein de la terre et la surface du globe ne suffiraient pas au développement des plantes, qui périraient faute d'espace. Or, la nature s'est opposée à cet excès de reproduction, car sans parler des ruminants, des rongeurs et des plantigrades, qui tous se nourrissent de végétaux, les insectes, ces animaux d'une taille si exiguë, sont ici, par leur prodigieux nombre, dans l'équilibre de la nature, un agent de premier ordre.

L'insecte habite et attaque toutes les parties du végétal : il est sous l'écorce et dans le sein des arbres les plus gigantesques, comme des plus petites plantes ; ou bien à leur surface : sur les feuilles, sur les tiges, sur les fleurs, et dans les fruits ; il poursuit la végétation, des bords de l'Océan aux neiges éternelles, sous tous les climats, à toutes les latitudes. Seul, il suffirait à faire disparaître tout le règne végétal. L'homme donc qui a plus particulièrement besoin de certains produits végétaux, dont il faut qu'il obtienne par le travail une multiplication toujours croissante, a dans l'insecte un ennemi souvent invisible, aux ravages duquel il ne pourrait s'opposer, si la nature elle-même n'avait pourvu aux moyens d'en restreindre le nombre.

Le premier de ces moyens, c'est assurément l'oiseau, qui par la perfection de l'appareil de sa vue, l'appropriation de son bec et de sa langue, par son agilité, son incessant appétit, l'organisation de son estomac, et en un mot par la conformation de tous ses organes, est admirablement doué pour le rôle qui lui est assigné par la Providence. Et quant aux inconvénients de la reproduction surabondante de l'oiseau, la nature s'est aussi chargée de nous en préserver.

Rapportons-nous en sur ce point à la rapacité des oiseaux de proie : Autours, Milans, Eperviers, Cresserelles, Emérillons, qui font des oiseaux une destruction incessante ; d'un autre côté, plusieurs omnivores, comme les Corbeaux, les Pies, les Geais et les Pies-Grièches, dévorent les œufs et s'attaquent même aux oiseaux, quand ils en trouvent qui sont blessés et pantelants.

Ajoutons à tous ces ennemis, la Martre, la Fouine, le Putois, l'Hermine, la Belette, le Renard qui rôde et chasse toute la nuit dans la campagne, voire même notre Chat dont l'agilité égale la patience, qui sait attendre et choisir, le jour ou la nuit, l'instant favorable pour saisir sa proie ; aussi, nids de pinsons, de chardonnerets, de linottes, de fauvettes, quelle que soit la hauteur de l'arbre où ils sont établis, sont visités par lui, la nuit, pendant qu'il est maître du terrain ; et, souvent, le matin des débris d'œufs, d'ailes et de pattes, jonchant la terre, nous dévoilent ses ravages.

Nous n'avons donc rien à craindre de l'excès de multiplication des oiseaux, et pour rentrer dans l'objet principal de cette étude, je veux vous présenter le tableau des oiseaux de notre département, classés en vue de leur utilité plutôt que de la science. A ce point de vue je distinguerai ceux qui ne nous quittent pas, ceux qui passent chez nous toute la belle saison, et enfin ceux qui sont de passage.

Le nombre des oiseaux insectivores, qui ne nous quittent ni l'hiver, ni l'été, est fort restreint ; il ne dépasse pas 20 espèces, dont 12 ne vivent absolument que d'insectes. Ce sont :

le Merle noir (*Turdus Merula*),

la Grive chanteuse (*Turdus musicus*),
et la Draine (*Turdus viscivorus*),

qui l'hiver même nous font entendre leurs voix sonores ;

la Fauvette traîne-buisson (*Accentor modularis*),
et le Troglodyte (*Troglodites vulgaris*),

dont les chants moins retentissants sont plus variés et plus mélodieux ;

le Roitelet couronné (*Regulus cristatus*),

le plus petit de nos oiseaux, si fidèle aux quelques arbres où il a fixé ses affections et ses habitudes ;

le Grimpereau (*Certhia familiaris*),

que nous voyons continuellement en mouvement après les arbres de nos jardins et de nos promenades, où il cherche sa nourriture, avec une prestesse et une agilité si étonnante, que tournant nous-même autour de l'arbre pour le suivre des yeux, il est déjà à la cime lorsque nous le cherchons en bas ;

la Pie (*Garrulus Pica*),

que tout le monde connaît, et à qui il faut bien pardonner son goût pour les œufs des petits oiseaux, en considération des myriades d'insectes nuisibles, qu'elle détruit toute l'année. Qui ne l'a vue suivre pas à pas le laboureur et délivrer le sillon qu'il trace, des courtillières, limaçons, larves de hannetons et sauterelles ?...... Enfin

les Mésanges grande-charbonnière (*Parus major*),
      —   petite-charbonnière (*Parus ater*),
      —   bleue (*Parus cæruleus*),
      —   à longue queue (*Parus caudatus*).

Ces quatre petits oiseaux, étonnants par leur pétulance et leur adresse à se cramponner aux plus petites branches des arbres fruitiers, ne le sont pas moins par leur appétit qui les excite à la recherche des petits insectes et des chenilles, qu'elles vont chercher, l'hiver, jusques dans les cocons, où elles se sont calfeutrées.

La petite charbonnière, surtout, est un oiseaux précieux pour nos plantations de sapins, qu'elle n'abandonne jamais, et qu'elle débarrasse journellement des insectes qui leur font tant de tort. Ces 12 sortes d'oiseaux si utiles à l'agriculture, et, la Pie exceptée, si complètement inoffensifs, devraient être en quelque sorte sacrés pour nous, comme les hirondelles le sont dans nos contrées.

Quant aux 8 autres de ces 20 espèces :

> le Gros-Bec ordinaire (*Fringilla coccothraustes*),
> le Verdier (*Fringilla chloris*),
> le Moineau domestique (*Fringilla domestica*),
> le Friquet (*Fringilla montana*),
> le Pinson (*Fringilla cælebs*),
> le Chardonneret (*Fringilla carduelis*),
> la Linotte (*Fringilla cannabina*),
> le Bruant jaune (*Emberiza citrinella*).

Ils font bien quelques dégats dans les campagnes et dans les jardins; mais ils nous en dédommagent par d'importants services. Notre moineau domestique lui-même, ce rusé et audacieux voleur, que nous rencontrons partout où il y a quelques graines à ramasser, fait, dès les premiers jours de mai, une guerre à outrance aux hannetons, dont il détruit des quantités incroyables.

Le Pinson, redouté de nos jardiniers, dont il ravage les semis, vit comme le moineau; mais dans le moment où ses petits éclosent, il recherche les insectes sur tous nos arbustes et plantes potagères.

Viennent ensuite deux autres oiseaux, agréables chanteurs, le Chardonneret et la Linotte, qui chassent aussi aux insectes pour nourrir leur jeune famille; ils sont alors

d'une si grande hardiesse, que souvent on les voit à côté
de soi, s'insinuer dans les feuilles des légumes pour y
saisir un ver ou un petit insecte; service qu'un peu plus
tard, disons-le, ils font payer aux jardiniers qui, malgré
tous les épouvantails, ont peine à garantir leurs porte-
graines des déprédations de ces petits maraudeurs.

A ces 20 sortes d'oiseaux s'en joignent 15 autres, presque
tous chanteurs par excellence, et tous insectivores, qui
nous viennent avec les beaux jours, dès le mois d'avril, dont
la reproduction a lieu autour de nous, dans nos jardins,
dans nos promenades et qui nous quittent à l'automne :

Le bec fin Rossignol (*Sylvia lusciniola*),
— à tête noire (*Sylvia atricapilla*),
— des jardins (*Sylvia hortensis*),
— Babillarde (*Sylvia curruca*),
— Grisette (*Sylvia cinerea*),
— Pouillot fitis (*Sylvia fithis*),
— Pouillot véloce (*Sylvia rufa*),
— Pouillot siffleur (*Sylvia sibilatrix*),
— Hyppolaïs ou Polyglotte (*Sylvia hyppolaïs*),
— Hyppolaïs ictérine (*Sylvia icterina*),
le Loriot (*Oriolus galbula*),
l'Hirondelle de cheminée (*Hirundo rustica*),
l'Hirondelle de fenêtre (*Hirundo urbica*),
le Martinet de muraille (*Cypselus murarius*),
le Gobe-Mouche gris (*Muscicapa grisola*).

Ce dernier a dû plus d'une fois vous étonner par son
agilité et son adresse merveilleuse à saisir les phalènes
crépusculaires; c'est lui que vous voyez souvent à côté de
vous le soir, dans vos jardins, perché sur la pointe d'un
bâton de treillage, sur une branche morte, où à la cîme
d'un arbre, d'où il se précipite sur la proie qui voltige à
sa portée, la dévore en revenant à son poste, puis recom-

mence instantanément le même manége, jusqu'à ce que la nuit étant plus complète, il cède sa place aux chauves-souris.

Outre ces 15 oiseaux qui, comme les 20 premiers, habitent près de nous, un bien plus grand nombre d'autres viennent nicher et se reproduire dans notre département, où ils passent la belle saison. Les uns s'établissent dans des localités déterminées et en rapport avec leurs habitudes et leurs besoins : comme les rapaces diurnes et nocturnes, qui planent sur nos champs et les délivrent des souris, des mulots, des compagnols et des loirs ; les omnivores, qui préservent nos bois des myriades d'insectes qui, sans eux, les dévoreraient ; les échassiers et les palmipèdes, qui après avoir passé leur journée blottis, cachés dans les roseaux, sortent la nuit des étangs, des marais et des rivières, pour faire aussi la chasse aux insectes. D'autres moins familiers, mais aussi précieux que les premiers que je vous ai signalés, se répandent avec eux par milliers sur toute la surface du pays, comme les becs-fins et gros-becs, les Bergeronnettes, Alouettes, Bruants, etc.

Je n'entrerai pas dans plus de détails sur cette catégorie qui ne contient pas moins de 114 espèces, dont je transcris ici la nomenclature.

OISEAUX QUI NICHENT DANS LE DÉPARTEMENT

ET Y PASSENT LA BELLE SAISON.

Rapaces diurnes.

Faucon pélerin....................	*Falco peregrinus.*
— hobereau	— *subuteo.*
— cresserelle...............	— *tinnunculus.*
Aigle balbuzard..................	— *haliœtus.*
Autour.........................	— *palumbarius.*
Epervier	— *nisus.*

Milan royal...................... *Falco milvus.*

— noir ou étolien.............. — *ater.*

Buse commune.................. — *buteo.*

— bondrée................... — *apivorus.*

Busard harpaye ou de marais........ — *rufus.*

— montagu .... — *cineraceus.*

Rapaces nocturnes.

Chouette hulotte .... *Strix aluco.*

— chevêche .... — *passerina.*

— effrai .... — *flammea.*

— brachyote .... — *brachyotos.*

Hibou grand duc .... — *bubo.*

— moyen duc .... — *otus.*

Omnivores.

Corneille noire................... *Corvus corone.*

— mantelée............... — *cornix.*

— freux .... — *frugilegus.*

— choucas............... — *monedula.*

Geai glandivore.................. *Garrulus glandarius.*

Etourneau vulgaire............... *Sturnus vulgaris.*

Insectivores.

Pie grièche grise................. *Lanius excubitor.*

— à poitrine rose.......... — *minor.*

— rousse .... — *rutilus.*

— écorcheur.............. — *colluris.*

Merle litorne .... *Turdus pilaris.*

— mauvis .... — *iliacus.*

Bec fin rousserolle................ *Sylvia turdoïdes.*

— riverain .... — *fluviatilis.*

— locustelle................. — *locustella.*

— aquatique.............. — *aquatica.*

— phragmite .... — *phragmitis.*

— effarvate .... — *arundinacea.*

— cisticole .... — *cisticola.*

— rouge gorge............. — *rubecula.*

— rouge queue............. — *tithis.*

— de murailles............. — *phœnicurus.*

Roitelet triple bandeau............. *Regulus ignicapillus.*

Traquet moteur.................. *Saxicola œnanthe.*

Traquet tarier .... *Saxicola rubetra.*
— rubicole .... — *rubicola.*
Bergeronnette grise .... *Motacilla alba.*
— jaune ou boarule .... — *boarula.*
— printanière .... — *flava.*
Pipit rousseline .... *Anthus rufescens.*
— farlouse.................. — *pratensis.*
— des buissons .... — *arboreus.*
Alouette des champs .... *Alauda arvensis.*
— lulu..................... — *arborea.*
— cochevis .... — *cristata.*
— calandrelle .... — *brachydactila.*
Mésange nonnette .... *Parus palustris.*
Bruant proyer..................... *Emberiza miliaria.*
— de roseaux .... — *schœniclus.*
— ortolan................... — *hortulana.*
Bouvreuil commun .... *Pyrrhula vulgaris.*
Gros-bec serin ou cini............. *Fringilla serinus.*
— de montagne .... — *montium.*
— tarin.................... — *spinus.*
Coucou gris...................... *Cuculus canorus.*
Pic vert........................ *Picus viridis.*
— épeiche...................... — *major.*
— épeichette .... — *minor.*
Torcol ordinaire.................. *Irenx torquilla.*
Sitelle torchepot................. *Sitta europæa.*
Huppe puput .... *Upupa epops.*
Martin-pêcheur alcyon .... *Alcedo ispida.*
Hirondelle de rivage.............. *Hirundo riparia.*
Engoulevent ordinaire............. *Caprimulgus europæus.*

Gallinacées.

Colombe ramier................... *Columba palumbus.*
— biset .... — *livia.*
— tourterelle .... — *turtur.*
Faisan vulgaire .... *Phasianus colchicus.*
— tricolore .... — *pictus.*
Perdrix rouge.................... *Perdix rubra.*
— grise .... — *cinerea.*
Caille .... — *coturnix.*
Colin colenicui.................... — *borealis.*

Echassiers.

Outarde barbue..................... *Otis tarda.*
   —   canepetière................ — *tetras.*
Œdicnème criard.................. *OEdicnemus crepitans.*
Echasse à manteau noir............ *Himantopus melanopterus.*
Petit pluvier à collier............... *Charadrius minor.*
Vanneau huppé.................... *Vanellus cristatus.*
Héron cendré .... *Ardea cinerea.*
   —   pourpré .... — *purpurea.*
   —   grand butor .... — *stellaris.*
   —   blongios .... — *minuta.*
Bihoreau à manteau noir............ *Nycticorax ardeola.*
Bécasseau brunette ou variable....... *Tringa variabilis.*
Chevalier cul-blanc............... *Totanus ochropus.*
   —   guignette................ — *hypoleucos.*
Bécasse ordinaire .... *Scolopax rusticola.*
Bécassine double.................. — *major.*
   —   ordinaire............... — *gallinago.*
   —   sourde................. — *gallinula.*
Râle d'eau vulgaire............... *Rallus aquaticus.*
Poule d'eau de genêt............... *Gallinula crex.*
   —   marouette .... — *porzana.*
   —   baillon .... — *baillonii.*
   —   ordinaire .... — *chloropus.*

Palmipèdes.

Foulque macroule................. *Fulica atra.*
Grèbe esclavon.................... *Podiceps cornutus.*
   —   castagneux............... — *minor.*
Hirondelle de mer Pierre Garin....... *Sterna hirundo.*
   —   épouvantail .... — *nigra.*
Oie vulgaire .... *Anser segetum.*
Cygne tuberculé.................. *Cycnus olor.*
Canard musqué................... *Anas moschata.*
   —   sauvage .... — *boschas.*
   —   sarcelle d'hyver........... — *crecca.*

Il est, Messieurs, une troisième catégorie d'oiseaux moins intéressants pour l'agriculture que ceux des deux premières, ce sont les oiseaux de passage, qui le plus souvent traversent nos contrées sans s'y arrêter, y séjournent parfois quelques jours ou quelques semaines, et rarement des mois entiers, mais seulement dans les hivers rigoureux. Je n'entrerai sur eux dans aucun détail ; mais dans la vue d'offrir aux personnes qui s'occupent de cette branche de l'histoire naturelle, un tableau complet de l'ornithologie de notre département, je crois devoir en donner ici la liste, qui ne comprend pas moins de 91 espèces.

OISEAUX DE PASSAGE.

Rapaces diurnes.

Faucon émérillon	*Falco œsalon.*
— Kobez	— *rufipes.*
Aigle criard	— *nœvius.*
— botté	— *pennatus.*
— Jean le blanc	— *brachydactylus.*
— pigargue	— *albicilla.*
Buse pattue	— *lagopus.*
Busard St-Martin	— *cyaneus.*
— blafard	— *pallidissimus.*

Rapaces nocturnes.

Chouette tengmalm	*Strix tangmalmi.*

Insectivores.

Cassenoix	*Nucifraga caryocatactes.*
Grand jaseur	*Bombicilla garrula.*
Rollier	*Coracias garrula.*
Gobe-mouche à collier	*Muscicapa albicollis.*
— bec figue	— *luctuosa.*
Merle à plastron	*Turdus torquatus.*
Bec fin gorge bleue	*Sylvia cyanecula.*
— de Suède	— *suecica.*
Pouillot bonelli ou de natterer	— *nattereri.*
Accenteur pégot ou des Alpes	*Accentor Alpinus.*
Alouette à hausse-col noir	*Alauda alpestris.*
Mésange moustache	*Parus biarmicus.*
Bruant zizi ou de haie	*Emberiza cirlus.*
— fou ou de pré	— *cia.*

Bec croisé perroquet............... *Loxia pittiopsittacus.*
    —   des pins................   —   *curvirostra.*
Bouvreuil ponceau................ *Pyrrhula coccinea.*
Gros bec des Ardennes............ *Fringilla montifringilla.*
    —   boréal ....   —   *borealis.*
    —   sizerin ....   —   *linaria.*
Pic cendré...................... *Picus canus.*
Tichodrome échelette............ *Tichodroma phœnicoptera.*

Gallinacées.

Colombe colombin................ *Columba œnas.*

Echassiers.

Huitrier pie.................... *Hœmatopus melanopterus.*
Pluvier doré................... *Charadrius pluvialis.*
    —   guignard ....   —   *morinellus.*
Grand pluvier à collier..........   —   *hiaticula.*
Vanneau social................. *Vanellus keptusckha.*
Grue cendrée .... *Grus cinerea.*
Héron crabier de Mahon.......... *Ardea ralloïdes.*
Flamınant rose................. *Phœnicopterus antiquorum.*
Avocette à nuque noire........... *Recurvirostra avocetta.*
Ibis falcimelle .... *Ibis falcinellus.*
Courlis cendré................. *Neumenius arquatus.*
Bécasseau temmia............... *Tringa temminckii.*
Combattant variable.............. *Machetes pugnax.*
Chevalier arlequin............... *Totanus fuscus.*
    —   gambette ....   —   *calidris.*
    —   stagnatile..............   —   *stagnatilis.*
    —   sylvain ....   —   *glareola.*
    —   aboyeur................   —   *glottis.*
Barge à nuque noire.............. *Limosa melanura.*
    — rousse ....   —   *rufa.*
Phalarope platyrhinque............ *Phalaropus platyrhincus.*

Palmipèdes.

Grèbe huppé................... *Podiceps cristatus.*
    — jou-gris ....   —   *rubricollis.*
Hirondelle de mer arctique......... *Sterna arctica.*
Mouette à pieds bleus............ *Larus canus.*
    —   tridactyle.............   —   *tridactylus.*
    —   rieuse ou à capuchon brun...   —   *ridibundus.*

Stercoraire pomarin . . . . *Lestris pomarina.*
(Pétrel) Thalassidrome de tempête . . . . *Thalassidroma pelagica.*
      —   de léach . . . . . .   — *leachii.*
Oie première ou cendrée . . . . *Anser ferus.*
 — rieuse ou à front blanc . . . . — *albifrons.*
 — bernache . . . . — *leucopsis.*
 — cravant . . . . — *bernicla.*
 — égyptienne . . . . — *ægyptiacus.*
Cygne à bec jaune . . . . *Cygnus musicus.*
  — de bewick . . . . — *bewickii.*
Canard tadorne . . . . *Anas tadorna.*
  — chipeau ou ridenne . . . . — *strepera.*
  — à longue queue ou pilet . . . . — *acuta.*
  — siffleur . . . . — *penelope.*
  — sarcelle d'été . . . . — *querquedula.*
  — souchet . . . . — *clypeata.*
  — double macreuse . . . . — *fusca.*
  — siffleur huppé . . . . — *rufina.*
  — milouinan . . . . — *marila.*
  — milouin . . . . — *ferina.*
  — à iris blanc ou nyroca . . . . — *leucophthalmos.*
  — morillon . . . . — *fuligula.*
  — garrot . . . . — *clangula.*
Grand harle . . . . *Mergus merganser.*
Harle huppé . . . . — *serrator.*
 — piette . . . . — *albellus.*
Pélican blanc . . . . *Pelecanus onocrotalus.*
Grand cormoran . . . . *Carbo cormoranus.*
Plongeon imbrin . . . . *Colymbus glacialis.*
  — lumme ou à gorge noire . . . . . — *arcticus.*
  — catmarin ou à gorge rouge . . . — *septentrionalis.*

Dans un intérêt de pure curiosité, j'extrairai de cette liste ceux qui n'ont été rencontrés qu'une seule fois, et dont plusieurs peuvent être considérés comme des raretés pour la France entière.

Des Alpes (deux).

L'Accenteur Pégot (*Accentor Alpinus*).
Le Ticodrome Echelette (*Ticodroma phœnicoptera*).

Des contrées orientales de l'Europe (cinq).

L'Aigle criard (*Falco nœvius*)

Le Vanneau social (*Vanellus Keptusckha*).

L'Echasse à manteau noir (*Himantopus melanopterus*),
qui a couvé sur l'étang de Belval.

Le Canard siffleur hupé (*Anas rufina*).

Le Pélican blanc (*Pelecanus onocrotalus*).

Des rivages de l'Océan et des hautes mers (cinq).

L'Avocette à nuque noire (*Recurvirostra Avocetta*).

L'Huitrier Pic (*Hœmatopus ostralegus*).

Le Pétrel de Léach (*Thalassidroma Leachii*).

L'Oiseau de tempête (*Thalassidroma pelagica*).

Le Canard Tadorne (*Anas Tadorna*), le plus beau des
canards d'Europe.

D'Afrique (quatre).

Le Faucon blafard (*Falco pallidissimus*).

Le Flammant rose (*Phœnicopterus antiquorum*).

Le Crabier de Mahon (*Ardea ralloïdes*).

L'Ibis falcinelle (*Ibis falcinellus*). (3 tués sur l'étang de Belval.)

Des régions hyperboréennes et des mers polaires (cinq).

La Chouette tengmalm (*Strix tengmalmi*).

Le Sizerin blanchâtre (*Fringilla borealis*).

La Gorge bleue de Suède (*Sylvia Suecica*).

L'Hirondelle de mer Arctique (*Sterna Arctica*).

Le Phalarope plathyrinque (*Phalaropus platyrhincus*).

Et enfin l'Aigle botté (*Falco pennatus*), si rare que
jusqu'à présent on ignore sa patrie.

Le chiffre des oiseaux qui habitent ou fréquentent le
département est donc de 240. Ce chiffre est aussi exact
que possible, car depuis quarante-deux ans que je mets
tous mes soins à les collectionner, je n'ai pu jusqu'alors
le dépasser.

Et pour nous résumer, Messieurs, à l'exception de deux

ou trois grands rapaces, tous les oiseaux de proie mangent des insectes, et un petit nombre d'entre eux, comme la Buse commune, la Buse bondrée, le Hobereau, en font à certaines époques de l'année leur nourriture exclusive.

De plus, j'ai été à même de constater, et j'ai déjà appelé votre attention sur l'énorme quantité de rongeurs que consomment les rapaces nocturnes. Ces oiseaux, considérés comme nuisibles, nous sont au contraire fort utiles, et méritent d'autant plus d'être épargnés, qu'ils ne nous font payer leur service par aucun tort, et que d'ailleurs ils ne peuvent entrer dans notre alimentation.

Mais il y a des espèces, celles que j'ai signalées les premières, que nous sommes plus particulièrement intéressés à protéger, et à la destruction desquelles il est urgent de s'opposer par tous les moyens.

En applaudissant donc aux mesures déjà prises par notre premier magistrat, unissons, Messieurs, comme corps et comme particuliers, nos efforts à ceux de l'administration, pour faire pénétrer partout l'idée de la nécessité d'une réglementation générale, sanctionnée par des peines qui la rendent efficacement protectrice, et mettre un terme à une destruction dont les résultats directs sont d'un profit si minime et les suites si funestes.

C'est dans le but d'apporter mon léger concours à une œuvre qui intéresse si éminemment l'agriculture, que me renfermant dans une étude, à laquelle j'ai consacré avec tant de plaisir les loisirs de ma vie, je vous ai montré l'oiseau, si admirablement doué pour remplir le rôle qui lui est assigné par la Providence, et que j'ai arrêté quelques instants votre attention sur ce point du système d'équilibre et de pondération des forces de la nature

Châlons-sur-Marne. — Typ. H. Laurent.

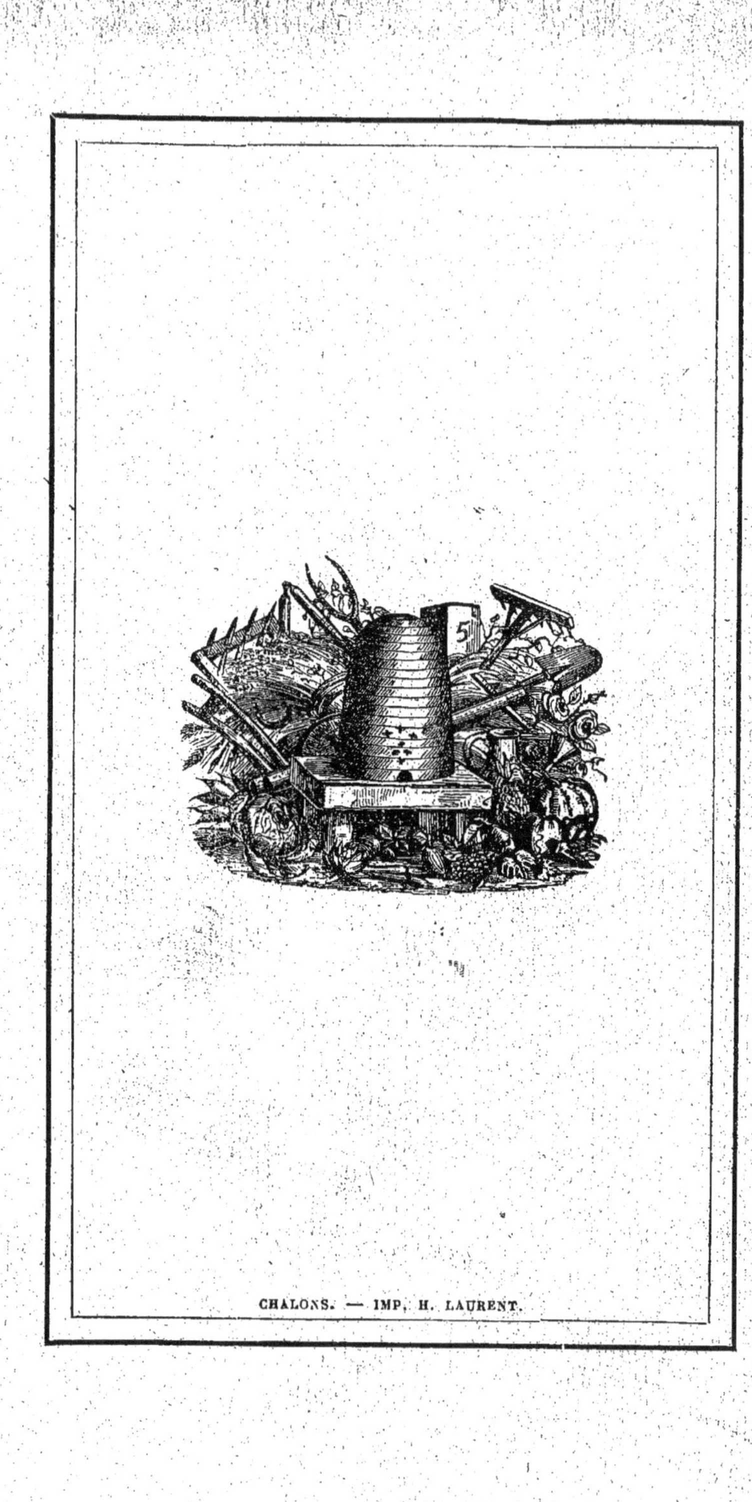

CHALONS. — IMP. H. LAURENT.